医院待产包
妈妈用

证件材料

☐ **1. 夫妻双方身份证及复印件 2 份**
出入院时，一定要记得带好夫妻双方的身份证，最好提前
准备 2 份复印件，以便更加高效地办理相关手续。

☐ **2. 准生证及复印件 2 份**
出入院时会使用。二孩政策放开后，部分医院已不需要准
生证，请提前咨询医院确认。

☐ **3. 户口本及复印件 2 份**
出入院时记得带好户口本，最好提前准备 2 份复印件，以
免需要时重新准备。也有部分医院已不需要携带户口本，
请提前咨询医院确认。

☐ **4. 医保本 / 医保卡**
出入院期间都会频繁使用，记得妥善保管。

☐ **5. 产检本**
产检本记录了妈妈怀孕期间的情况、胎儿的情况等信息，
去医院时需要带上，以便医生快速了解产妇的情况。

☐ **6. 银行卡 / 现金**
对于无法使用手机移动端支付的医院，或需要使用现金的
情况，提前准备一张银行卡和少许现金，以备不时之需。

通信工具

☐ **1. 手机**

带上手机，方便随时和家人联系。宫缩开始时也可以用手机来记录、查看宫缩时间。

☐ **2. 手机充电线**

很多妈妈有时因为出现临产征兆急着赶去医院，忘记带手机充电线，最好提前准备一根收好。

☐ **3. 手机充电宝**

在医院不方便给手机充电时，使用手机充电宝更方便。

清洁洗护

☐ **1. 夜用卫生巾 / 产妇卫生巾 × 15 片**

分娩后 6 周内，妈妈排恶露时使用。

专家建议：

产妇卫生巾比普通卫生巾更宽、更厚，针对不同时期的恶露量，也有不同的型号。不过，也有部分妈妈觉得产妇卫生巾太厚、不舒服，其实夜用卫生巾足够应付恶露，产妇可以按照自己的喜好选择。

使用时，不管有多少量，最好每 3 个 小时就更换一次卫生巾。更换新的卫生巾时，最好先用清水、肥皂洗干净双手，更换时尽量不要触摸卫生巾表面，防止带入细菌，造成二次污染。

☐ **2. 产褥垫 × 10～20 片**

破水和排恶露时，产妇可以把产褥垫铺在臀下，避免弄脏床单。

专家建议：

产褥垫有不同大小，越大的越不容易弄脏床单。在医院没用完的产褥垫，可以带回家给宝宝当作隔尿垫或者经期当作隔离垫使用。

☐ **3. 产妇内裤（ 4 条 ）或 一次性内裤（ 10 条）**

产后排恶露期间，容易弄脏裤子，在不方便清洗的情况下，妈妈可以选择使用一次性内裤。如果不习惯使用一次性内裤，那么可以选择材质更舒服的产妇内裤。

专家建议：

一次性内裤用完即丢，对于刚生产完的妈妈来说，确实非常省事。要注意购买正规品牌的产品，消毒最好能达到医用级别。不过，因为大部分一次性内裤的透气性比较差，短期内可以使用，天天穿就不建议了。

☐ **4. 便盆 × 1只**

对于不方便下床的妈妈，在卧床时使用。

☐ **5. 一次性马桶垫 × 30～50 片**

在医院期间需要使用公共马桶，可以用一次性马桶垫，避免妈妈的伤口与马桶直接接触导致交叉感染，且用完就可以直接将其扔到垃圾桶，既方便又卫生。

□　6. 牙刷 × 1 支
带上 1 支普通的软毛牙刷就可以，"月子牙刷"无法代替普通牙刷的清洁效果，不建议使用。

□　7. 牙膏 × 1 支
带一支普通的含氟牙膏即可。

□　8. 毛巾 × 4 条
根据妈妈自身的清洁习惯，根据不同的清洁部位准备 3 ~ 4 条毛巾，如洗脸、清洗下身、擦脚等。

□　9. 脸盆 × 2 只
可以准备两只脸盆，一只用于洗脸，一只用于身体清洁。

□　10. 衣架 × 5 ~ 10 个
一般医院不提供衣架，妈妈可以按自己的需要准备 5 ~ 10 个。

□　11. 洗发水 × 1 瓶 & 沐浴液 × 1 瓶
如果医院有条件，在住院期间洗澡用。

□　12. 洗面奶 × 1 支
如果你有使用洗面奶的习惯，带一支平时常用的洗面奶即可。

□　13. 护肤品 × 1 套
即使是哺乳期的妈妈也可以使用护肤产品，如果你还是担心，那么可以尽量选择成分简单的产品。

☐ 14. 纸巾 × 5 包

根据个人的使用习惯适当带几包即可，如果实在不够用，在医院附近的超市也能买到。

☐ 15. 梳子 、发带 / 发圈

长发的妈妈必备。

衣物

☐ 1. 出院时穿的外衣

出院时需要换上自己的衣物，带上舒适、方便穿脱的衣物即可。

☐ 2. 拖鞋 × 1 双

带上平时常穿的拖鞋即可，注意防滑。

☐ 3. 胎监带（非必选）

产前和产程中胎心监护时使用。大部分医院会提供公用的胎监带，也有医院要求自备，准妈妈最好提前咨询。

哺乳用品

☐ **1. 一次性防溢乳垫 × 20 ~ 30 片**

在孕晚期和产后，如果乳头有液体流出的话，可以在罩杯里填塞一块防溢乳垫，避免溢乳的尴尬。推荐使用一次性防溢乳垫，用完就可以扔掉，更加方便。

专家建议：

对于需要用母乳喂养的妈妈，哺乳期可能会持续出现溢乳现象。月子期间溢乳情况会更加频繁，使用防溢乳垫可以防止溢出的奶水弄湿衣物。

防溢乳垫平均每 2 ~ 3 个小时更换一次，妈妈根据住院时间长短，准备相应数量即可，家里也可以储备一些，以便出院后使用。

☐ **2. 哺乳文胸 × 2 ~ 3 件**

哺乳文胸有授乳开口设计，方便妈妈喂奶。

专家建议：

月子期间，妈妈需要频繁喂奶且出门次数不多，哺乳文胸的必要性不是很大。但是，如果遇到需要出门或者来客人的情况，你还是需要提前准备 2 ~ 3 件哺乳文胸，方便及时更换清洁。

首先，选择纯棉材质的文胸，因为它更加亲肤透气。不要选择化纤材质的，防止细小纤维堵住乳腺管开口。

其次，注意大小适宜，避免穿过松或过紧的文胸。目前行业内并没有权威意见指出是否推荐穿戴带钢圈的文胸。但不论是否选择带钢圈的文胸，只要感觉舒适且大小和松紧度合适就好。

最后，哺乳文胸的授乳开口设计有前开扣式、上开扣式和交叉式。喂奶时，妈妈通常是一只手抱着宝宝，故选择哺乳文胸的开口设计时，要以妈妈单手就能系扣、解扣为准。

□ **3. 吸奶器 × 1台**

经常需要挤奶的妈妈，要先准备一台高质量的吸奶器，用于吸出奶水储存起来。如果是奶水不够多的妈妈，也可以尝试用吸奶器多吸，促进下奶。

专家建议：

如果妈妈多数时间都是亲喂，只是偶尔需要用吸奶器，那么选择一台简单的手动吸奶器即可。这种吸奶器比较小，方便携带，价格也不贵，缺点是操作起来比较费力，万一把握不好力度，反而会有损伤乳腺的风险。

对打算返回职场做全职工作，或者由于各种原因不能亲喂，但又想给孩子吃母乳的妈妈来说，建议选择电动吸奶器。首先，要选择专业生产吸奶器的品牌。专业生产吸奶器品牌的产品在品质上可以得到保障，功能也更全面。其次，如果有条件可以选择双头吸奶器，会更加省时省力。如果用双头的电动吸奶器，一般一侧乳房大概需要吸15分钟，双侧同时进行的话，可以节约一半的时间。尤其是需要半夜起床吸奶的妈妈，吸完就能赶紧继续睡觉。

□ **4. 储奶瓶（个）/ 储奶袋（盒）× 1**

妈妈奶水过多、涨奶时，储奶瓶或储奶袋可以用于保存吸出的奶水。

☐ **5. 哺乳衣 × 2 件（非必选）**

哺乳衣在乳房处有一个隐蔽的开口设计，方便妈妈哺乳。
建议准备 2 ~ 3 件，方便换洗。如果医院提供相关衣物，
可以提前备在家中。

☐ **6. 乳头保护罩 × 1 只（非必选）**

乳头保护罩也叫乳盾，它能起到保护乳头的作用。

☐ **7. 乳头霜 × 1 支（非必选）**

用于预防或修复乳头损伤。

饮食相关

☐ **1. 吸管杯 × 1 只**

在产程中或产后，妈妈不方便起身时，可以使用带有密封
盖子的吸管杯轻松喝水。

☐ **2. 助产食品**

待产时可以准备方便携带的水果、零食和饮料，用来及时
补充待产过程中消耗的能量。

专家建议：

理论上来说，带上自己喜欢的食物就行。不过建议你选择
比如香蕉、酸奶、谷物棒这样的零食，它们可以快速补充
糖分，并且方便食用。咖啡、果汁，还有一些功能饮料也

是不错的选择，它们大多含有一些牛磺酸和咖啡因，可以帮助缓解疲劳，提升精力并增加体力。

☐ **3. 餐具 × 1 套**

在医院吃饭时使用。医院的餐具会在使用后收走，妈妈可以自己准备一套可加热的饭盒。

医院待产包
宝宝用

清洁洗护类

☐ **1. 浴巾 / 毛巾 × 1 条**
宝宝洗澡必备。

专家建议：
宝宝的皮肤娇嫩，毛巾要尽量选用纯棉亲肤材质。这种材质的毛巾对宝宝的皮肤刺激比较小。如果出现掉毛的情况，就要注意更换新的了。

☐ **2. 湿纸巾 × 2 包**
宝宝每次大小便之后，如果不方便用水清洗，可以用湿纸巾轻轻擦拭屁股。

☐ **3. 护臀霜 × 1 支**
如果宝宝的屁股红了，可以在尿布覆盖区涂抹护臀膏，以达到隔离尿粪、舒缓肌肤的效果。

专家建议：
选择护臀膏最重要的是有效和安全，首选的成分是氧化锌、凡士林和羊毛脂。正常情况下，不需要给宝宝用激素软膏。如果实在不知道怎么挑选，干脆就直接购买单纯的白凡士林或氧化锌软膏就可以了！
涂抹时，注意一定要厚涂，直到看不到宝宝的皮肤表层为止。

☐ **4. 婴儿面部保湿霜 × 1 支**
每天洗澡后要给宝宝涂抹婴儿保湿霜，呵护宝宝的肌肤。涂抹的时候，妈妈最好先把保湿霜倒在自己的手上，均匀摊开后再给宝宝涂抹。

专家建议：

大家不用纠结是选国产品牌还是国际品牌，只要买婴儿保湿霜或保湿乳液就可以了。比起成分，前面说到的涂抹次数更重要。

成分里，尿素和丙二醇容易刺激皮肤、羊毛脂容易引起接触性过敏，不推荐给 2 岁以下的宝宝用。另外，燕麦、花生可能增加皮肤过敏的风险，如果是含有这类成分的保湿霜，需要先给宝宝测试是否过敏之后再使用。

5. 纸尿裤 × 30 ~ 40 片

使用纸尿裤可以避免宝宝尿湿衣物和床单。

专家建议：

（1）型号上可以选择适合新生儿的小号纸尿裤。

具体型号参照：

重量	型号
新生儿 ~ 5 kg	NB
4 ~ 8 kg	S
6 ~ 11 kg	M

（2）新生儿每天需要使用 9 ~ 12 片纸尿裤。

具体数量参照：

月龄	数量
0 ~ 1 个月	9 ~ 12 片 / 天
2 ~ 3 个月	7 ~ 10 片 / 天

（3）判断纸尿裤是否适合宝宝的方法。

- 纸尿裤摸上去是柔软舒适的。
- 宝宝穿上后，大腿根部没有红印；正确穿上后，没有尿粪外漏的情况。
- 更换时，宝宝的屁股摸上去是干爽、不潮湿的。

☐　**6. 干湿两用棉柔巾 × 2 包**

相比普通纸巾，棉柔巾更加温和、更加柔软，使用时能呵护宝宝的肌肤。使用时注意擦拭力度，尽量用蘸取的手法，以免损伤宝宝娇嫩的皮肤。

☐　**7. 抚触油**

为宝宝做抚触、按摩时使用。部分医院会要求家长自备，建议提前咨询。

专家建议：

可以购买婴儿专用的抚触油、按摩油。

婴儿专用乳液也可以替代抚触油。但是，不建议直接用食用橄榄油或者甘油，因为它们不仅过于油腻，而且会在皮肤表面形成非常光滑的保护层，很难被皮肤吸收。

☐　**8. 护脐贴 × 5 贴（非必选）**

新生宝宝洗澡时使用护脐贴可以保护肚脐，以免进水引发炎症。

饮食相关

□　1. 小碗和软勺子

遇到宝宝不喝奶或者需要喂药的情况，可以尝试用软勺子喂给宝宝，避免使用奶瓶造成宝宝乳头混淆。

□　2. 配方奶

建议尽量母乳喂养，但是产前可以备一罐奶粉，供妈妈奶水不足或者生病不能母乳喂养时使用。
有些医院不允许携带，需要预先咨询。如不允许携带，医院就会提供液体奶。

衣物类

□　1. 新生儿小衣服 × 2 ~ 3 套

新生儿可以准备 2 ~ 3 套 NB 尺寸（即 50 cm 左右）的衣服。

专家建议：

（1）选择安全级别为 A 类的婴幼儿衣物。

（2）材质可以选择 100% 纯棉、有机棉和天然彩棉。

（3）颜色选择浅色和印花少的衣服，方便家长及时发现污渍、更换清洗。

（4）款式上尽量选择开襟式连体衣，或者裆部有按扣的衣物，方便更换纸尿裤。

☐ **2. 包被 × 1 条**

一般医院都提供衣服及包被，可以自带一套出院时用。

☐ **3. 帽子 × 1 顶（非必选）**

有些医院会要求准备，宝宝出产房时会给戴上。

☐ **4. 袜子 × 2 双（非必选）**

如果天气冷，担心宝宝着凉，可以准备两双袜子，方便换洗。不过，如果用上了连体衣和包被，宝宝的脚基本是不会露在外面的。

出行类

☐ **安全座椅 / 提篮 × 1 个**

汽车内安装安全座椅 / 提篮，让宝宝更安全地乘车。刚出生的宝宝要用专供 0 ~ 6 个月宝宝使用的提篮，而不是大孩子用的那种安全座椅。

专家建议：

按照新生儿的年龄和体重，可以选择以下两种安全座椅 / 提篮。

（1）提篮：适合 0~4 岁用（0~18 千克）。

- 建议 1 岁（9 千克）前反向安装。

- 可用安全带或基底固定（底座需有 isofix 接口）。

- 基座可长期固定在车上，方便提篮灵活拆装，还能搭配推车使用。

（2）安全座椅：适合 0~4 岁用（0~18 千克）。

- 可双向安装的安全座椅。

- 建议 1 岁（9 千克）前反向安装，可延长至 2 岁。

- 适合有 isofix 接口的车型。

选购原则：

- 推荐 isofix 安装，降低安装错误风险。

- 有中国 3C 认证，如果 ADAC [1] 测试结果为优秀，安全性上可以加分。

- 高度、宽度、座椅角度可以调节，乘坐的舒适性更高。

---

1 德国 ADAC 测试，为德国汽车协会提供的测试，该协会是欧洲最权威的安全测试机构之一。

产后家中包
妈妈用

哺乳用品

☐ **1. 奶瓶清洁剂**
用于清洗奶瓶，也可以清洗宝宝的玩具等其他物品。

☐ **2. 奶瓶刷**
清洗奶瓶时用。

☐ **3. 消毒锅（非必选）**
用消毒锅煮奶瓶的好处是不用每次专门找一口没有油的锅，自带烘干功能的消毒锅更方便。不过，也可以用一般的锅煮奶瓶来达到消毒的目的。

☐ **4. 奶瓶 × 1~2 只（非必选）**
如果是奶粉喂养的宝宝，建议准备 2 只以上的奶瓶，方便更换使用。如果是纯母乳喂养，4 个月内则不需要使用奶瓶。

☐ **5. 温奶器 × 1 台（非必选）**
温奶器并非必需品，它能提供一定程度上的方便。温奶器的好处是温度更精确，还可以在宝宝醒来前，提前热好奶并控制温度，保持恒温。
如果不购买温奶器，热奶时也可以采用隔水加热的方式，也就是把奶倒在奶瓶里，再用热水泡奶瓶。

☐ **6. 奶瓶架 × 1 个（非必选）**
奶瓶架并非必需品，它能在沥干奶瓶时提供一定程度的方便。

如果不购买奶瓶架，则可以用餐具控水架代替。也可以将一把筷子插在一只瓶子里，就做成一个简易控水架了。

☐ **7. 储奶袋（非必选）**

对于奶水足的妈妈，宝宝吃不完的奶不要浪费，放入储奶袋中冷冻起来，以备将来奶水不足或因工作等无法按时为孩子哺育时使用。

产后家中包
宝宝用

清洁洗护类

☐ **1. 婴儿指甲剪**

给宝宝剪指甲用。婴儿指甲剪专为宝宝的小手设计，上手更简单，使用更加安全。

专家建议：

宝宝的手指甲以平均每周 1~1.4 毫米的速度生长，出生一周左右就可以给宝宝剪指甲了，之后每周剪指甲 1~2 次，以免宝宝把自己抓伤。如果宝宝出现皮肤问题，更要注意指甲的长度，以免宝宝挠破皮肤，造成感染。

☐ **2. 医用棉棒 / 棉球 × 1 包**

清洁宝宝的身体局部使用。

专家建议：

尽量购买经过消毒、有医用级别的棉棒或棉球，最好不要使用化妆用的普通棉棒。新生儿的脐带残端需要保持干燥，洗完澡后可以用棉棒或棉球轻轻擦干水渍。

☐ **3. 小盆 × 1 只**

给宝宝擦洗身体时会用到。

专家建议：

不建议新生儿频繁洗澡，平时只需要用小盆准备好温水，给宝宝擦洗身体就可以。每次给宝宝换纸尿裤时，注意彻底清洁宝宝的屁股。宝宝 1 岁以内，每周洗 2~3 次澡就足够了。过度频繁地给宝宝洗澡，反而会导致宝宝的皮肤干燥，引发湿疹或其他皮肤疾病。

☐ 4. 洗澡盆 × 1 只（非必选）
当宝宝的脐带残端脱落愈合后，就可以开始尝试给宝宝洗盆浴了。

☐ 5. 婴儿沐浴液 × 1 瓶（非必选）
新生儿洗澡时只需温水擦洗即可，不过，也可以在家里准备一瓶婴儿专用沐浴液。

☐ 6. 产妇冲洗器（非必选）
方便妈妈清洗会阴。

居家用品类

☐ 1. 婴儿床 × 1 张
家里准备一张婴儿床供宝宝睡觉用。

专家建议：
（1）选择围栏固定、结构稳固的婴儿床。
（2）选择符合安全标准的带围栏的婴儿床，护栏之间的距离不能超过 6 厘米，避免宝宝卡头、夹手脚。
（3）别使用可以直接放在大床上的围栏，避免宝宝卡进围栏和大床之间的缝隙，进而窒息。

（4）小床不需要额外使用床围。

（5）床板最好能调节高度，这样随着宝宝长大，可逐渐降低床板的高度。

美国儿科学会建议，婴儿与父母应同房不同床。也就是说，要让宝宝睡在自己的婴儿床里，婴儿床可以靠近父母的大床。

2. 垫被（床垫）×1张、小被子 × 1 张

宝宝的婴儿床配备。

专家建议：

（1）选购床垫时需要注意，床垫的大小应该与婴儿床内部尺寸吻合。

如果床垫与床内沿的距离超过 2 根手指的宽度，就说明床垫不适合这张床。因此，父母选择床垫时不仅要考虑它是否坚实，还要考虑它能否贴合床的四条内边。

（2）床单要紧绷在床垫上，不要在婴儿床上放靠垫、枕头、沉重的被单或大围巾，也不要用折叠或卷好的毛巾将宝宝固定在侧躺位置，这些东西很容易遮挡宝宝的口鼻。

（3）不要选择过软的床垫，那种床垫不利于宝宝的生长发育，而且柔软的床上用品（包括枕头、毛毯等）可能会遮住宝宝的口鼻，造成他窒息。美国儿科学会建议，1 岁以内的宝宝应避免使用柔软的床上用品。

3. 蚊帐（夏季）×1 顶

使用蚊帐可以防止夏季蚊虫叮咬，损伤宝宝娇嫩的肌肤。

☐ **4. 睡袋 × 1 个**

睡袋有不同的款式，如襁褓型、并腿型、分腿型、被套型等。可以根据宝宝的月龄和发育情况来选择。

专家建议：

（1）襁褓型适用于新生儿和小月龄的宝宝。襁褓型睡袋通常可以将宝宝包裹起来，避免惊跳反射引起的睡眠不安。等宝宝 3 个月以后，惊跳反射逐渐消失，就可以将宝宝的手露出来了。

（2）并腿型适用于 1 个月以上的宝宝，这类睡袋的下摆通常比较宽大，宝宝的腿在里面可以自由活动。

（3）分腿型适用于会走路后的大宝宝。即使穿上睡袋，宝宝也可以比较自由地活动。

（4）被套型则适用于 1 岁以上的儿童。

使用时注意室内温度，不要使用太厚、全包裹或是带帽子的睡袋，在把宝宝紧紧包裹住的同时，会影响散热，容易造成宝宝过热。全包裹的睡袋或帽子还容易遮住宝宝的口鼻，可能会引发危险。

☐ **5. 耳温枪**

测量宝宝的体温时用。

衣物类

☐ **围嘴 × 3 ~ 4 块**
用于擦拭宝宝的口水，最好准备 3 ~ 4 块围嘴，以便及时清洗更换。

专家建议:
宝宝的口水吞咽功能还未发育完善，使用围嘴可以隔离衣物，也可以用围嘴给宝宝轻轻擦拭流下的口水。选择纯棉、柔软的材质，减少围嘴和宝宝的皮肤接触时产生的摩擦。尽量使用浅色的围嘴，以便及时发现污渍，更换清洗。